もくじ

くらべてわかる！
こんちゅう図鑑
おとなになるまで

監修●須田研司

童心社

はじめに
こんちゅうがおとなになるまで

　みなさんは、こんちゅうの子ども「幼虫」を見たことがありますか？

　こんちゅうは、どんなふうにうまれ、育ち、おとなになるのでしょう。

　こんちゅうの成長には、「たまご」「幼虫」「さなぎ」「成虫」という4つの段階があります。生きものが成長するときに、形を大きく変えることを「変態」といいますが、こんちゅうの変態には、「完全変態」（4ページ）、「不完全変態」（5ページ）、「無変態」の3つのタイプがあります。どのような変態をするのかは、こんちゅうのグループごとに決まっています。

　完全変態のタイプは「たまご→幼虫→さなぎ→成虫」と成長し、それぞれの段階でまるで別の生きもののように形を変化させます。こんちゅう全体の約8割が完全変態で、いちばん進化したタイプと考えられています。不完全変態のタイプは、さなぎにならず、「たまご→幼虫→成虫」と成長します。たまごからかえった幼虫は、すでに成虫とほぼ同じ体をしています。無変態のタイプは、ほとんど見た目を変えず、脱皮して体が大きくなります。シミやトビムシなど、はねがないこんちゅうたちです。

　この本では、「完全変態」と「不完全変態」のこんちゅうをメインに、さまざまな虫たちの成長を紹介しています。身近なこんちゅうたちがどんなふうに一生をすごすのか、ぜひくらべてみてくださいね。

須田研司（むさしの自然史研究会）

こんちゅうの育ち方に かかわることば

※6～7ページのモンシロチョウを例にしています。

たまご
3～5日間

↑

たまごでいる期間

●産卵…たまごをうむこと。

●ふ化…たまごから幼虫になること。

幼虫
9～11日間

↑

幼虫でいる期間

こんちゅうの子どものこと。幼虫は、何度か脱皮する。ふ化から最初の脱皮までを1齢幼虫、次の脱皮までを2齢幼虫…とよび、さなぎになる前の幼虫を終齢幼虫という。

●脱皮…皮をぬいで、体が大きくなること。

前蛹
1日間

さなぎになるじゅんびをしている幼虫のこと。

さなぎ
7日～数か月間

↑

さなぎでいる期間

●蛹化…前蛹からさなぎになること。

●羽化…さなぎや終齢幼虫から成虫になること。

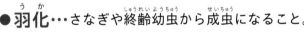

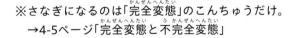

※さなぎになるのは「完全変態」のこんちゅうだけ。
→4-5ページ「完全変態と不完全変態」

成虫
1～2週間

↑

成虫でいる期間

こんちゅうの育ち方はここがポイント！

完全変態と不完全変態

●完全変態

幼虫から「さなぎ」になって、成虫になる。幼虫と成虫で、体も食べ物もすみかも、大きくかわることが多い。

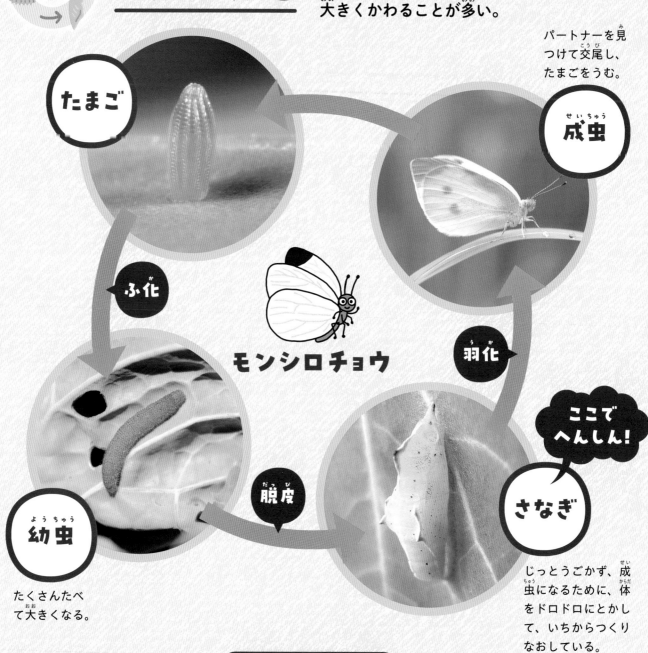

たまご

成虫

パートナーを見つけて交尾し、たまごをうむ。

ふ化

羽化

モンシロチョウ

ここでへんしん！

脱皮

さなぎ

じっとうごかず、成虫になるために、体をドロドロにとかして、いちからつくりなおしている。

幼虫

たくさんたべて大きくなる。

完全変態のこんちゅう

- ●チョウ、ガのなかま
- ●ハチのなかま
- ●カブトムシ、クワガタムシのなかま
- ●ハエのなかま
- ●アリのなかま
- ●テントウムシのなかま
- ●カのなかま
- ●ノミのなかま

こんちゅうがおとなになるまでの変化には、
おもに「完全変態」と「不完全変態」があります。

●不完全変態

「さなぎ」にならず、幼虫が脱皮を
くりかえして成虫になる。
幼虫と成虫では、見た目がにている。

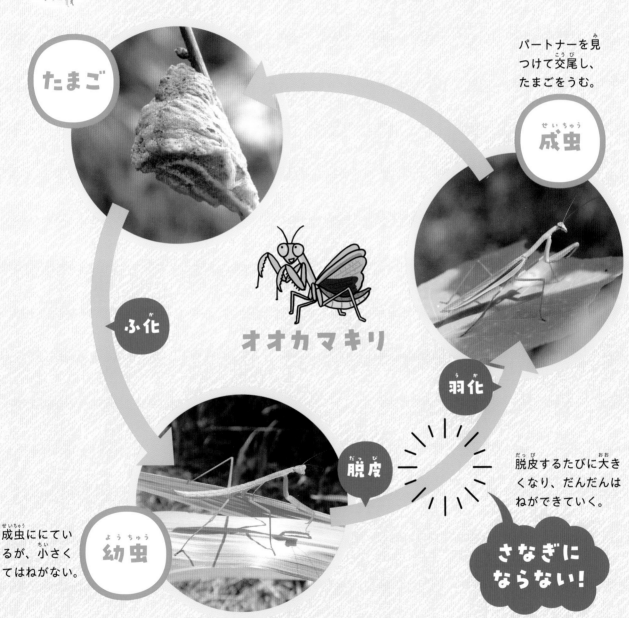

たまご

成虫

パートナーを見
つけて交尾し、
たまごをうむ。

ふ化

オオカマキリ

羽化

脱皮

脱皮するたびに大き
くなり、だんだんは
ねができていく。

幼虫

成虫ににてい
るが、小さく
てはねがない。

さなぎに
ならない！

- - - - - **不完全変態のこんちゅう** - - - - -

● カマキリのなかま　　● トンボのなかま　　　　　　● アメンボのなかま

● セミのなかま　　　　● バッタやコオロギのなかま

● ナナフシのなかま　　● カメムシのなかま

モンシロチョウ

キャベツ畑でよく見られるチョウです。たまごから成虫になり、またたまごをうむながれを、1年に何回かくりかえします。(あたたかいところは6〜7回、寒いところは2〜3回)

完全変態

- ●体の大きさ→4.5cmくらい(はねを広げた長さ)
- ●活動する時期→春〜秋(成虫)
- ●活動する場所→キャベツ畑などのアブラナ科の植物があるところ。公園、庭など。

たまご
3〜5日間

◀たまごの大きさは1mmくらい。メスは春〜秋、100個くらいのたまごを、1つずつうんでいく。

ふ化

／細長い!＼

1齢

▲ふ化したての幼虫は2mmくらい。はっぱをたべて10日※くらいで3mmくらいになる。

※日数はきせつによって、かわります。

幼虫
9〜11日間

5齢

脱皮

さなぎになるまで、4回くらい脱皮して大きくなる(1齢〜5齢幼虫)。だんだん黄色から緑色になる。終齢幼虫は3cmくらい。

羽化が近くなると、さなぎの中がすけて見えるようになる。羽化がはじまると、数分で中から出てくる。
▼

成虫
1〜2週間

さなぎから出てきた成虫は、ゆっくりはねをのばす。2〜3時間してかわくと、飛べるようになる。

夏は羽化するまで7日ほど、気温が低くなるともっと時間がかかる。冬をこすときは、数か月もさなぎのまま冬眠する。
▼

羽化

さなぎ
7日〜数か月間

口から糸を出して、はっぱに体をむすび、前蛹になる。そのあと、1日くらいかけてさなぎになる。
▶

じっとして
うごかない

蛹化

前蛹
1日間

ミツバチ（セイヨウミツバチ）

花がさいている畑や野原などで見られます。外で見られるのは、ほとんどがはたらきバチ。ハチミツをとるため、人にかわれているハチです。

完全変態

- ●体の大きさ→1.3cmくらい（はたらきバチ）／1.7cmくらい（女王バチ）／1.2cmくらい（オスバチ）
- ●活動する時期→3〜6月、9〜10月（成虫）
- ●活動する場所→花がある野原や畑、里山など。巣箱で人にかわれていることが多い。

はたらきバチが育つ巣房。たまごの大きさは、1mmよりも小さい。

たまご
3日間くらい

ふ化

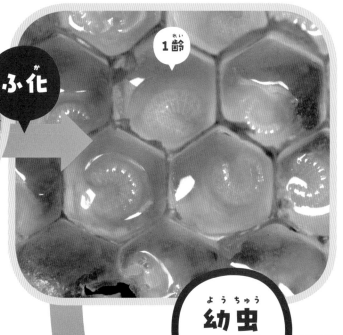

1齢

◀はたらきバチの幼虫は、はじめの3日間は、はたらきバチが体内で花粉からつくったローヤルゼリーをもらって育つ。

※巣の中の「王台」にうみつけられたたまごからふ化した特別な幼虫は、ローヤルゼリーだけをもらって育ち、女王バチになる。

▲女王バチは、「巣房」という小さな部屋に1つずつたまごをうむ。真夏や真冬以外の毎日、1日に1500〜2000個もうむ。3日ほどでふ化して幼虫になる。

幼虫
5〜6日間

脱皮

4〜6齢

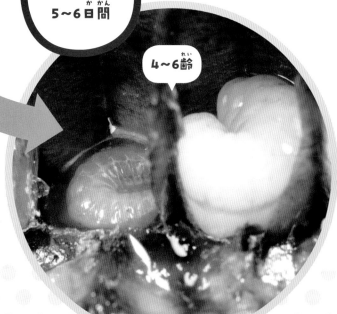

ハチのしゅるい

・女王バチ
たまごをうむ。巣に1ぴきだけ。

・はたらきバチ
花粉やみつをあつめ、子育てをする。すべてメス。

・オスバチ
女王バチと交尾する。4〜6月だけいる。

4日目からは花粉とハチミツのまざったえさをもらって育つ。幼虫は4〜6回脱皮する。

はたらきバチ
1〜2か月間

成虫
せいちゅう

※女王バチは1〜2年間、
オスバチは1〜2か月間生きる。

▲成虫になってすぐは巣
の中ではたらき、やがて
外に出て花粉やみつをあ
つめるようになる。

羽化したハチは、はた
らきバチにふたをくい
やぶってもらって、巣
房から出てくる。▶

羽化
うか

さなぎ
7〜14日間

終齢幼虫は巣房▶
の中でさなぎに
なる。右の2つ
は前蛹。

蛹化
ようか

※写真は、巣房を
断面にしたようす。

クロオオアリ

巣は地面の下にあります。たまごをうむ女王アリは、オスと
出会う結婚飛行のときのほかは、巣の中にいてたまごをうみつづけます。
よく外で見られるのは、はたらきアリです。

完全変態

● 体の大きさ→7mm〜1.2cm（はたらきアリ）／1.7cmくらい（女王アリ）／
1.1cmくらい（オスアリ）
● 活動する時期→4〜11月（成虫）　● 活動する場所→日当たりのいい開けた場所。

▼ 1〜2mmほどの、小さな白いたまご。

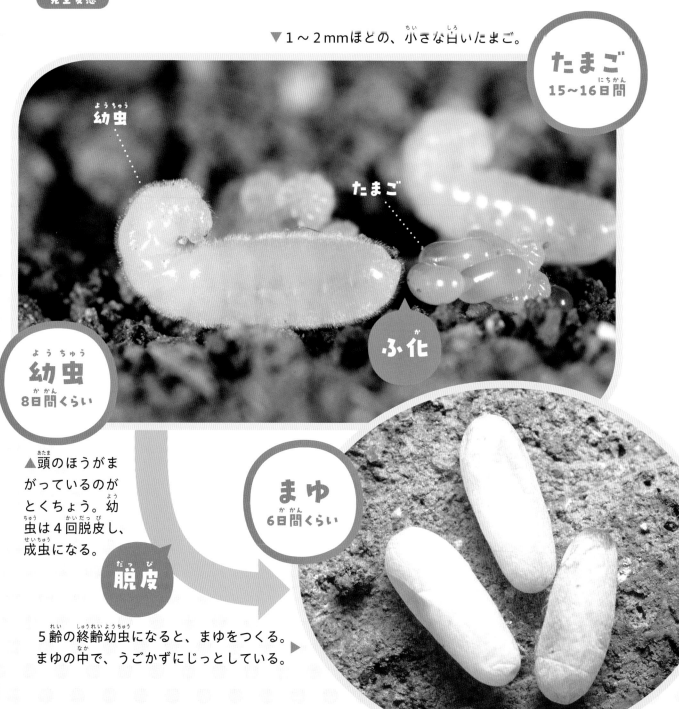

たまご
15〜16日間

幼虫

たまご

ふ化

幼虫
8日間くらい

▲頭のほうがま
がっているのが
とくちょう。幼
虫は4回脱皮し、
成虫になる。

脱皮

まゆ
6日間くらい

5齢の終齢幼虫になると、まゆをつくる。
まゆの中で、うごかずにじっとしている。

結婚飛行って?

女王アリがオスと出会うために、外へ出て空を飛ぶのが「結婚飛行」。オスと出会ったあと、女王アリははねをおとして、1ぴきで巣をつくり、10個ほどのたまごをうみ、育てる。そのアリがはたらきアリになると、女王アリはたまごをうむことだけをする。10〜20年のあいだに10万個くらいのたまごをうむ。

クロオオアリの結婚飛行は5月ころ

はたらきアリ 1〜2年間

成虫

▲成虫になると、さいしょは巣の中で女王アリや幼虫の世話をする。やがて、えさをさがしに外へ出るようになる。

※女王アリは10〜20年間、オスアリは10か月くらい生きる。

羽化

羽化が近づくと、まゆは茶色くなる。羽化のじゅんびができると、はたらきアリがまゆをやぶってくれる。▶自分でやぶることはできない。

さなぎ 18〜19日間 くらい

まゆになってから6日ほどたつと、さなぎになる。白くとうめいだが、▶アリの体になっている。

※写真は、まゆの中のようす。

蛹化

11

ナナホシテントウ

ナナホシテントウの幼虫は、成虫とすがたがちがいます。
幼虫も成虫も、えさのアブラムシをたくさんたべます。

● 体の大きさ➡5〜9mm
● 活動する時期➡春〜秋（成虫／夏は休眠する）
● 活動する場所➡日当たりのいい草原や畑。

完全変態

たまご
2〜3日くらい

ふ化

◀ふ化したての幼虫は、体の大きさが2mmくらい。たまごのからをたべる。

1齢

……たまごのから

▲草のはっぱやくきに、1.5mmくらいのたまごを30〜40個うむ。1か月に、ぜんぶで200個いじょうのたまごを1日おきにうむ。

脱皮

幼虫
8〜10日間

2齢

脱皮すると、だんだんオレンジ色のもようができてくる。1齢から4齢まで、3回脱皮する。▶

時間がたつと、はねはオレンジ色になり、もようが出てくる。飛ぶためのはね「後ろばね」を一度のばしてからたたむ。

後ろばね

成虫
3〜4か月間
（冬眠するときは6か月）

▲30分くらいで羽化する。1日ほど休んでから、アブラムシをたべはじめる。赤くなるのはしばらくしてから。

羽化してすぐは、前ばねは黄色で、もようはない。▶

羽化

さなぎ
5〜6日間

4齢の終齢幼虫になると、大きさは1cmくらい。

4齢

脱皮

▲さなぎにはもようがある。

蛹化

13

カブトムシ

クヌギやコナラのある雑木林で見られます。腐葉土（くさったおちば）の中にたまごをうみ、そこで幼虫から羽化するまで、一生のほとんどをすごします。

- 体の大きさ→3.6〜8.5cm（オス、角をふくめる）／3.3〜5.3cm（メス）
- 活動する時期→6〜8月（成虫）
- 活動する場所→雑木林など。

完全変態

たまご
4〜6週間

▲メスは、腐葉土の中に20〜30個ほど、2〜3mmくらいの白いたまごをうむ。うんですぐは細長い形（写真）だが、だんだん水をすって、まるくふくらむ。

ふ化

1齢

▲ふ化したばかりの幼虫は、1cmよりも小さい。

脱皮

幼虫
8か月間

腐葉土をたべて、どんどん大きくなる。幼虫▶は2回脱皮する。

2齢

脱皮

成虫
せいちゅう
1〜3か月
げっ

▲ 1週間〜10日ほどかけて、体がかわいて
しゅうかん か からだ
かたくなると、土の中から外へ出てくる。
つち なか そと で

3齢の終齢幼虫は、体の大きさ
れい しゅうれいようちゅう からだ おお
が、10cmくらい。土の中にあな
つち なか
をほって、さなぎになるための
部屋（蛹室）をつくる。
へや ようしつ

3齢
れい

さなぎのからを
やぶって出てく
で
るまでに、3時
じ
間くらいかかる。
かん

羽化
うか

さなぎ
4〜8週間
しゅうかん

さなぎになると、羽化し
うか
て外に出るまで、なにも
そと で
たべずにじっとしている。 ▶

前蛹
ぜんよう

蛹化
ようか

◀蛹室ができると、
ようしつ
じっとしてうごか
なくなる。幼虫か
ようちゅう
らだんだんとさな
ぎになっていく。

15

ノコギリクワガタ

クヌギやコナラのある雑木林で見られます。たまごはくさった木や腐葉土の中にうみつけられ、ふ化したあと外に出るまで、2〜3年をその中ですごします。

- ●体の大きさ→2.5〜7.4cm（オス、大あごをふくめる）／2.5〜4.1cm（メス）
- ●活動する時期→6〜8月（成虫）
- ●活動する場所→雑木林など。

完全変態

たまご
10日〜2週間

▲くさった木や腐葉土の中に20〜30個ほどのたまごをうむ。2〜3mmくらいの大きさ。

ふ化

1齢

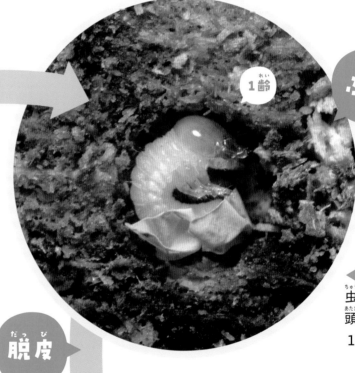

◀ふ化した幼虫は数mm。頭の大きさも1mmくらい。

脱皮

幼虫
1〜2年間

2齢幼虫は、どんどん大きくなる時期。1.5〜2.5cmくらいになる。幼虫は2回脱皮する。

2齢

脱皮

羽化したばかりは、はねやおなかがやわらかい。
▼

羽化
（うか）

成虫
（せいちゅう）
3〜6か月間
（げっかん）
（木や土の中で1年間）
（きやつちのなかでねんかん）

▲羽化したあと1年間、木や土の中でなにもたべずにじっとしていて、次の年の夏に外に出てくる。

さなぎ
1〜2か月間
（げっかん）

幼虫は5cmくらいになる。やがて、木や土の
▼中にさなぎになるための部屋（蛹室）をつくる。
（ようちゅう）（き）（つち）（なか）（ようしつ）

3齢
（れい）

大あご
（おおあご）

ぬいだ皮
（かわ）

蛹化
（ようか）

蛹室ができると、じっとしてうごかなくなる（前蛹）。2〜3週間くらいたつと、脱皮してさなぎになる。
（ようしつ）（ぜんよう）（しゅうかん）（だっぴ）

▲さなぎのときは、大あごは下をむいている。
（おお）（した）

オオカマキリ

秋、草や木のえだなどに、「らんのう」というかたまりをうみつけます。春になると草むらなどで、たまごからかえった小さなカマキリが見られます。

● 体の大きさ→6.8〜9cm（オス）／7.5〜9.5cm（メス）
● 活動する時期→4〜7月（幼虫）／8〜11月（成虫）
● 活動する場所→草むらや雑木林の近くなど。

不完全変態

たまご
数か月間

ふ化

幼虫
3か月間くらい

1齢

▲秋、えだなどに、らんのうという、あわにつつまれたかたまりをうむ。この中にたくさんのたまごが入っている。

春になってあたたかくなると、らんのうからいっせいに幼虫が出てくる。その数▶およそ200ぴき！　体長は1cmよりすこし小さい。

ふ化したての幼虫はまだはねがなく、体は茶色。幼虫は6〜7▶回くらい脱皮して、成虫になる。

おとなになったオス
のオオカマキリ。オ
オカマキリは、日本
にほん
で最大級のカマキリ。
さいだいきゅう

成虫に近づくと、小さなは
せいちゅう ちか ちい
ねがはえてくる。まだ飛ぶ
と
ことはできない。体の色は
からだ いろ
2回目の脱皮のあと、緑色
かいめ だっぴ みどりいろ
になるものと、茶色のまま
ちゃいろ
成虫になるものがいる。
せいちゅう
▼

不完全変態のこんちゅう
ふ かんぜんへんたい
では、最後の脱皮を羽化
さいご だっぴ うか
という。1時間くらいで
じかん
脱皮し、完全にかわくま
だっぴ かんぜん
で2日くらいかかる。
か
▶

羽化
うか

脱皮
だっぴ

終齢
しゅうれい

小さなはね
ちい

はね

ショウリョウバッタ

ひくい草がたくさんはえている場所で、よく見られます。
オスは飛ぶときに、キチキチという音を出します。

- ●体の大きさ➡4〜5cm（オス）／7.5〜8cm（メス）
- ●活動する時期➡5〜7月（幼虫）／8〜11月（成虫）
- ●活動する場所➡日当たりのいい、明るい草地。

不完全変態

たまご
7〜8か月間
（越冬する）

◀秋、メスははらを土の中に入れて、
1度に20〜30個のたまごをうむ。

▲たまごはスポンジのようなあわでつつまれていて、そのまま冬をむかえる。ふ化するのは、次の年の6月ころ。

ふ化

◀たまごからかえった幼虫は、いっせいに外に出てくる。体はうすい茶色。うまれたばかりの幼虫は1.5cmくらいで、体は成虫とそっくり。

脱皮

2齢

幼虫
1か月間くらい

はっぱをたべて、大きくなる。幼虫は、3〜4回脱皮して成虫になる。▶

成虫
4〜5か月間

▲成虫は、はねが大きくしっかりしている。メスは、体の大きさが8cmほどにもなる。

終齢幼虫になると、はねがはえてくるがまだ小さい。このころは、体の大きさは3cmくらい。▶

小さなはね……

終齢

脱皮

脱皮

羽化

はね

▲羽化は夏。羽化のあと、3〜4時間じっとしている。

アキアカネ

初夏に羽化した成虫は、夏をすずしい山ですごし、秋になると赤くなって里におりてきます。水の中のどろにたまごをうみます。

- ●体の大きさ→3.2～4.6cm
- ●活動する時期→6月～12月（成虫）
- ●活動する場所→草地や田んぼ。

不完全変態

たまご
半年間くらい
（越冬する）

◀メスは、オスといっしょに空を飛びながら、池などのどろの中にたまごをうむ。

▲0.5mmくらいのたまご。1ぴきのメスが一生でうむたまごの数は2000個くらい。

ふ化

1齢

▲トンボの幼虫を「やご」という。羽化するまで、水の中で育つ。ふ化したばかりのやごは、2mmくらい。

脱皮

幼虫（やご）
3～6か月間

2齢

春から夏にかけて、やごは水の中の小さな生きものをたべて、脱皮をくりかえしながらぐんぐん育つ。

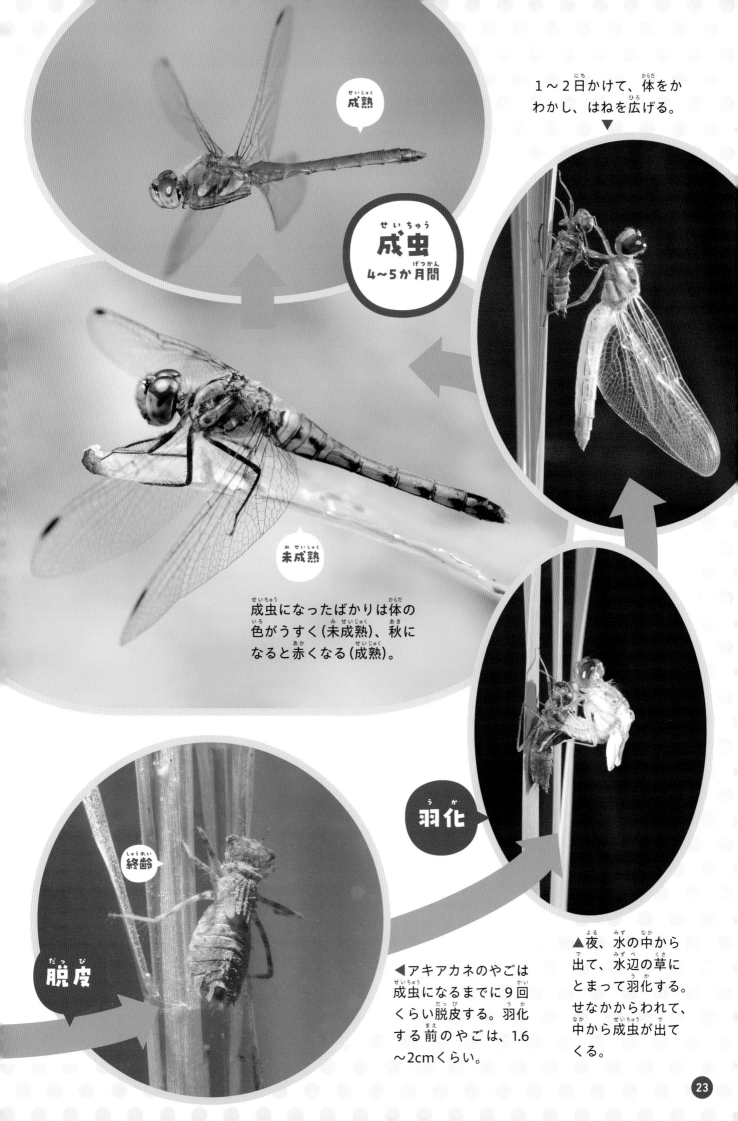

成熟[せいじゅく]

1〜2日[にち]かけて、体[からだ]をかわかし、はねを広げる。
▼

成虫[せいちゅう]
4〜5か月間[げっかん]

未成熟[みせいじゅく]

成虫[せいちゅう]になったばかりは体[からだ]の色[いろ]がうすく(未成熟[みせいじゅく])、秋[あき]になると赤[あか]くなる(成熟[せいじゅく])。

終齢[しゅうれい]

脱皮[だっぴ]

羽化[うか]

▲夜[よる]、水[みず]の中[なか]から出[で]て、水辺[みずべ]の草[くさ]にとまって羽化[うか]する。せなかからわれて、中[なか]から成虫[せいちゅう]が出[で]てくる。

◀アキアカネのやごは成虫[せいちゅう]になるまでに9回[かい]くらい脱皮[だっぴ]する。羽化[うか]する前[まえ]のやごは、1.6〜2cmくらい。

アブラゼミ

夏の昼すぎ、「ジリジリジリ…」と大きな音で鳴く、はねが茶色いセミです。木にたまごをうみ、幼虫は土の中で育ちます。

● 体の大きさ→5〜6cmくらい（はねの先まで）
● 活動する時期→7〜9月（成虫）
● 活動する場所→公園や住宅街、里山など。

不完全変態

たまご
1年間くらい

▲8月ころ、木のみきや、かれたえだなどにあなをあけ、たまごをうむ。2mmくらいの小さなたまごを1つのあなに、5〜10個うみつける。

ふ化

◀次の年の6〜7月ごろ、たまごからかえる。ふ化したばかりの幼虫は4mmくらい。あなから出て、土の中にもぐっていく。

1齢

脱皮

幼虫
2〜5年間くらい

3齢

さいしょのころは体▶が白っぽいが、だんだん茶色くなる。

1時間ほどかけて、体が出てくる。出てきたばかりのセミの体は白い。そのあとすこしずつ体が茶色になり、やがて空へ飛んでいく。

▼

成虫
3週間〜
1か月間

▲アブラゼミがよく鳴くのは午後。鳴くのはオスだけ。

◀羽化したあとのぬけがらは、夏、たくさん見つけることができる。

羽化

▶木にのぼり、はっぱなどにつかまる。あしのつめをしっかりかけて、羽化する。

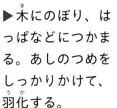

幼虫の脱皮は4回。ふ化した年の秋に3回、数年後にさいごの脱皮をする。

▼

5齢

脱皮

▲7〜9月の夜、長いあいだ土の中ですごした幼虫が、土から出てくる。

ダンゴムシ（オカダンゴムシ）

ダンゴムシはこんちゅうににていますが、エビやカニと同じなかまです。体にたくさんのふしがあり、成長のとちゅうでふしの数がふえます。

- ●体の大きさ➡1～1.4cm
- ●活動する時期➡3～10月（幼虫、成虫）
- ●活動する場所➡石の下やすきま、おちばの下など。

不完全変態

たまご
1か月間くらい

保育嚢

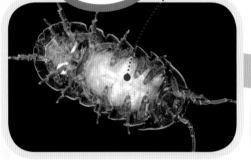

▲ダンゴムシは、メスがおなかの中にあるふくろ（保育嚢）にたまごをうむ。

ふ化

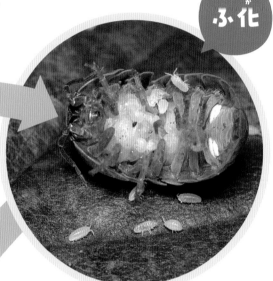

◀ふくろの中でふ化し、1週間ほどすると、ふくろをやぶって外に出てくる。一度に生まれる幼虫は100ぴきくらい。色は白っぽいが、形は成虫とそっくりで、2mmくらいの大きさ。

ふしがふえる!

幼虫
1年間くらい

白っぽかった体に、だんだん色がついてくる。
▼

脱皮

▲外に出た幼虫は、脱皮する。このとき、体のふしが6から7になる。からは、前と後ろにわけてぬぐ。ぬいだからは、たべてしまう。

オス

脱皮

メス

成虫
2～4年間

▲体はかたく、黒くなる。オスは体にもようがなく、メスよりも大きい。成虫になっても、脱皮をくりかえす。

幼虫も成虫も、くさったおちば(腐葉土)▶をたべて大きくなる。

\ 2回にわけて ぬぐよ！ /

脱皮

脱皮

◀幼虫は、からを数回ぬいで、成虫になる。このころは、6 mmくらいの大きさ。

ナガコガネグモ

クモはこんちゅうではなく、サソリやダニと同じなかま。
幼虫は「らんのう」というふくろで成長し、春になると外に出てきます。

- ●体の大きさ➡6mm〜1cm（オス）／1.8〜2.5cm（メス）
- ●活動する時期➡8〜10月（成虫）
- ●活動する場所➡草むらや公園、雑木林など。

不完全変態

たまご
1か月間くらい

◀秋、メスは糸で「産座」という土台をつくり、
たまごを1000個くらいうみつける。たまごは
黄色くて、ひとつは1mmよりも小さい。

幼虫はらんのうの中でふ化して、冬を
すごし、1回脱皮する。春、あたたか
くなると、幼虫はらんのうから出て、
糸を出し、風にのって飛んでいく。

ふ化

らんのう

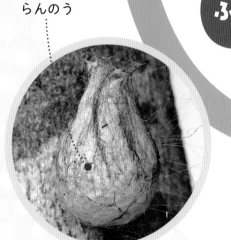

▲メスは、うみつけたたまごを、
糸のまくでつつみ、らんのうを
つくる。大きさは2cmくらい。

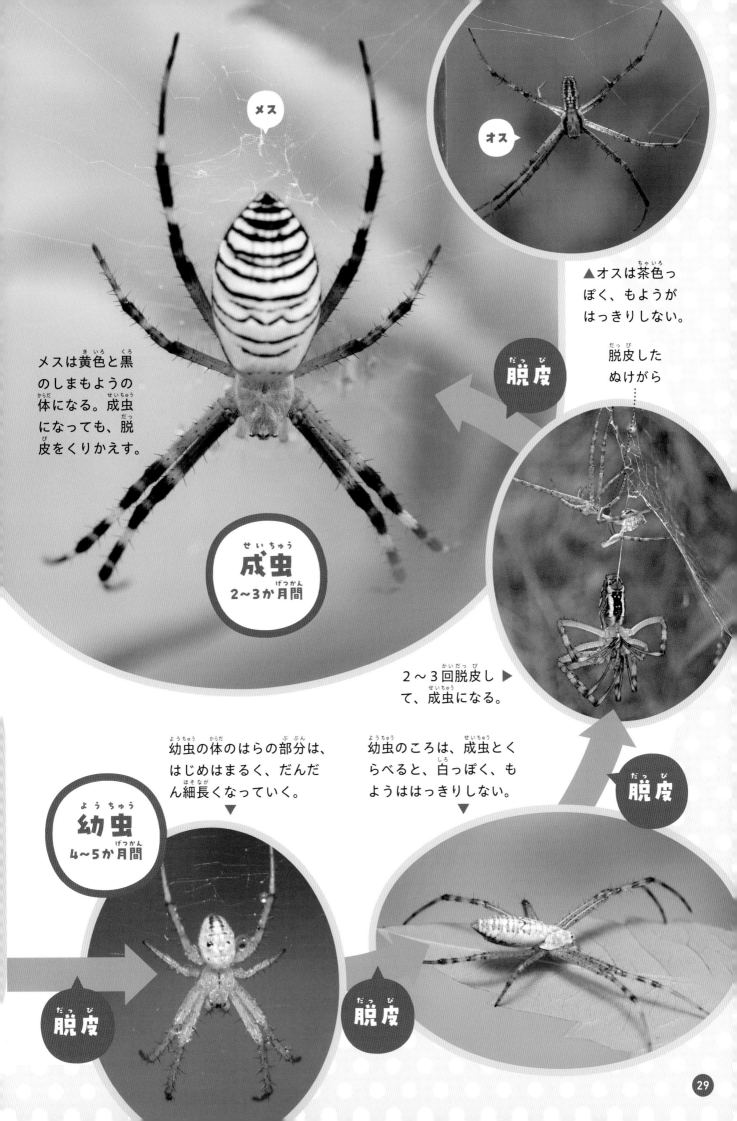

メス

オス

メスは黄色と黒のしまもようの体になる。成虫になっても、脱皮をくりかえす。

▲オスは茶色っぽく、もようがはっきりしない。

脱皮

脱皮したぬけがら

成虫
2〜3か月間

2〜3回脱皮して、成虫になる。

幼虫の体のはらの部分は、はじめはまるく、だんだん細長くなっていく。
▼

幼虫のころは、成虫とくらべると、白っぽく、もようははっきりしない。
▼

脱皮

幼虫
4〜5か月間

脱皮

脱皮

もっと知りたい！
虫のいろんな育ち方

●ナナフシモドキ

木のえだにそっくりな体をしている。オスがいなくても、メスはたまごをうみ、幼虫がうまれる。

不完全変態

●体の大きさ→7〜11cm　●活動する時期→8〜11月（成虫）
●活動する場所→雑木林など。

たまご
6〜7か月間
（越冬する）

幼虫
4〜6か月間

成虫
2〜4か月間

ふ化

脱皮

植物の種にそっくり。鳥にたべられてはこばれた先で、たまごがふ化することもある。

幼虫は、5〜6回脱皮して成虫になる。さいしょは1.5〜2cmほどの大きさ。

ナナフシのなかまは、ほとんどがメス。オスはめったにいない。

●コオイムシ

水の中でくらすカメムシのなかま。メスがオスのせなかにたまごをうみつけ、オスはふ化するまでまもる。

不完全変態

●体の大きさ→1.7〜2.2cm　●活動する時期→7〜8月（成虫）
●活動する場所→小川やぬま、田んぼなど。

たまご
1か月間くらい

幼虫
1〜2か月間

成虫
2年間くらい

ふ化

脱皮

交尾したなんびきかのメスが、オスのせなかにたまごをうみつける。

たまごからふ化した幼虫は、5mmくらいの大きさ。5回脱皮して、成虫になる。

成虫になった次の年、メスは産卵する。冬は水辺の近くの地面の中ですごす。

しゅるいによって、いろいろな育ち方をするこんちゅうたち。
ほかのこんちゅうは、どんなふうに成長するのでしょうか。

●カイコ（蚕）

絹糸をつくるため、人によってかわれているこんちゅう。

完全変態

● 体の大きさ→3.2～4.4cmくらい（はねを広げた長さ）
● 活動する時期→5月頃（春蚕期）、6～7月（夏蚕期）、7～8月（初秋蚕期）、8～9月（晩秋蚕期）
● 活動する場所→養蚕農家など。

たまご
10～14日間

うまれたてのたまごは白い色。メスがうんだたまごは、2～3日すると黄色くなり、冬をこしてからふ化する。▶

▼成虫ははねがあるが、飛べない。5日～1週間ほどしか生きられず、そのあいだなにもたべず、ほとんどうごかない。メスは500個ほどのたまごをうむ。

ふ化

産卵

成虫
1週間

脱皮

幼虫
25～28日間

▲クワのはっぱをたべて大きくなる。4回脱皮する。

蛹化

羽化

1つのまゆから、1000～1500mの生糸がとれる。1まいのきものをつくるためには、2700個くらいのまゆがひつようになる。▼

さなぎ
12日間くらい

▲幼虫になって25日くらいたつと、糸をはいてまゆをつくる。3日くらいすると、まゆの中で脱皮して、さなぎになる。
※写真はまゆを断面にしたようす。

まゆから…

さくいん

監修●**須田研司**（むさしの自然史研究会）

むさしの自然史研究会代表。多摩六都科学館や武蔵野自然クラブで、子ども
たちに昆虫のおもしろさを伝える活動に尽力している。監修に『みいつけ
た！がっこうのまわりのいきもの〈1〜8巻〉』（Gakken）、『世界の美しい
虫』（パイインターナショナル）、『世界でいちばん素敵な昆虫の教室』（三才
ブックス）、『はじめてのずかん　こんちゅう』（高橋書店）など多数。

くらべてわかる！こんちゅう図鑑　おとなになるまで

2024年3月15日　第1刷発行
2024年7月8日　第2刷発行

監修●須田研司
監修協力●井上暁生、近藤雅弘
イラスト●森のくじら
装丁・デザイン●村﨑和寿

編集協力●グループ・コロンブス

発行所●株式会社童心社
　　　　〒112-0011　東京都文京区千石4-6-6
　　　　電話　03-5976-4181（代表）　03-5976-4402（編集）
印刷●株式会社加藤文明社
製本●株式会社難波製本
写真●海野和男、北添伸夫、小島一浩、アフロ、アマナイメージズ、iStock、
　　　AdobeStock、PIXTA